国家电网有限公司
STATE GRID
CORPORATION OF CHINA

U0655674

电网企业
教育培训项目
工作手册

国网安徽省电力有限公司
组编

中国电力出版社
CHINA ELECTRIC POWER PRESS

内 容 提 要

本书分为管理篇、实务篇、问答篇和政策篇。其中，管理篇介绍培训项目的分类、管理流程以及经费管理等；实务篇介绍了职工培训、人才评价、培训开发、培训购置和教培类生产辅助技改（大修）五大类项目的实施流程、管理要求及注意事项等；问答篇列举了培训项目实施过程中的常见问题；政策篇列出了各项培训政策和文件。

本书可作为电网企业各级单位教育培训管理人员的工作指导，也可供电网企业员工学习参考。

图书在版编目（CIP）数据

电网企业教育培训项目工作手册／国网安徽省电力有限公司组编.
—北京：中国电力出版社，2022.12
ISBN 978-7-5198-7243-4

Ⅰ.①电…　Ⅱ.①国…　Ⅲ.①电力工业－工业企业－教育培训－
中国－手册　Ⅳ.① F426.61-62

中国版本图书馆 CIP 数据核字（2022）第 214352 号

出版发行：中国电力出版社
地　　址：北京市东城区北京站西街 19 号（邮政编码 100005）
网　　址：http://www.cepp.sgcc.com.cn
责任编辑：杨　扬（010-63412524）
责任校对：黄　蓓　朱丽芳
装帧设计：锋尚设计
责任印制：杨晓东

印　　刷：北京九天鸿程印刷有限责任公司
版　　次：2022 年 12 月第一版
印　　次：2022 年 12 月北京第一次印刷
开　　本：710 毫米 ×1000 毫米　16 开本
印　　张：7.5
字　　数：112 千字
定　　价：50.00 元

《电网企业教育培训项目工作手册》
编 委 会

主　　编　安四清　吴小勇　黄永聪　温劲松

副 主 编　李志政　储昭将　熊　燕

编写人员　罗　慧　张立刚　马振宇　汤前进

　　　　　　陈　洋　李　磊　刘苊文　杨伟春

　　　　　　查流芳　周　田　裴重恬　秦晓佳

　　　　　　吴延峰　刘修福

前言

　　本书以《国家电网有限公司教育培训项目管理办法》（国家电网企管〔2022〕508）以及国网安徽省电力有限公司（简称国网安徽电力）相关管理制度和规定为依据，结合实际情况编写，旨在进一步加强各类培训项目的规范管理，实现工作流程的标准化、规范化和制度化，推进国网安徽电力培训管理和服务水平的不断提升，助力人才队伍建设高质量发展。

　　本书分为管理篇、实务篇、问答篇和政策篇。管理篇介绍国网安徽电力培训项目的分类、管理流程以及经费管理等内容；实务篇分别介绍职工培训、人才评价、培训开发、培训购置和教培类生产辅助技改（大修）五大类项目的实施流程、管理要求以及注意事项等内容；问答篇列举了培训项目实施过程中的常见问题；政策篇列举了国家、国家电网公司以及国网安徽电力出台的各项培训政策和文件。

　　本书在编写过程中，得到了各级领导的大力支持，凝聚了各级培训管理人员的心血，在此对各级领导及同仁表示感谢。

　　由于编写水平有限，书中的不妥或疏漏之处，恳请读者批评指正，以便进一步更新完善。

目录

3 问答篇

4 政策篇

附录

管理篇

1

1.1 概念与分类

1.1.1 概念

教育培训项目是指为持续提升职工队伍素质而开展的职工培训、人才评价、培训开发和培训购置等项目，是职工教育培训各项工作的载体。教育培训项目经费来源于（或占用）依法计提，并在成本中列支的职教经费。

1.1.2 分类

（一）按项目内容

按照**项目内容**分为职工培训项目、人才评价项目、培训开发项目和培训购置项目四类。其中：

职工培训项目	职工培训项目包括经营类培训、管理类培训、技术类培训、技能类培训、服务类培训以及送出培训等。

（1）经营类培训、管理类培训、技术类培训、技能类培训、服务类培训为按照培训内容及对象划分的各类培训。

（2）送出培训为根据工作需要，经本单位批准，到本单位之外接受的培训，包括系统内送出培训和系统外送出培训。

| 人才评价项目 | 人才评价项目包括人才选拔与考核、能力等级评价、竞赛调考等。 |

（1）人才选拔与考核包括系统外部人才和内部人才选拔以及人才定期考核。

（2）能力等级评价包括职称评定、技能等级评价、职（执）业资格认证以及岗位能力评价等。

（3）竞赛调考包括技能竞赛、知识竞赛和专业普调考。

| 培训开发项目 | 培训开发项目包括培训策划及评估、培训资源开发、培训应用工具开发维护及技术支持、网络培训应用及维护等。 |

（1）培训策划及评估是指项目需求调研、方案策划、课程设计和质量评估等。

（2）培训资源开发是指培训规范、课件、教材、案例和题库等资源开发（租赁）。

（3）培训应用工具开发维护及技术支持是指培训教学工具、培训仿真工具、培训评价管理辅助工具开发维护与相关技术支持服务等。

（4）网络培训应用及维护是指网络培训运营管理、在线项目实施、功能完善与推广应用等。

| 培训购置项目 | 培训购置项目包括培训教材资料购置、培训教学教具及材料购置等。 |

（1）培训教材资料购置是指直接用于开展培训的出版物（含电子出版物）、网络培训账号（课程）和其他版权归属明确的实物或网络培训资源购置。

（2）培训教学教具及材料购置是指直接用于开展培训的教学教具、低值易耗材料等的购置。

（二）按项目金额

按照**项目金额**（不含学员食宿及交通费用）分为限上项目、限下项目和零星项目。

限上项目

限上项目指单项费用总额大于300万元的项目。可行性研究由国家电网公司组织评审、批复。

限下项目

限下项目指单项费用总额大于100万元且小于等于300万元的项目。可行性研究由省公司人力资源部统一组织评审，经研院参与评审并出具评审意见报告，省公司人力资源部下达批复意见。

零星项目

零星项目指单项费用总额小于等于100万元的项目；系统内送出培训项目。可行性研究由各单位人力资源部组织评审，各单位经研院参与评审并出具评审意见报告，各单位人力资源部下达批复意见。

另外，实训设备设施改造维修项目属于生产辅助技改（大修）范畴［包括各专业实训室改造与维修、教室及多媒体设施改造与维修、网络系统（计算机房）及附属设施改造与维修、培训操作演练设备及配套设施改造与维修等］，整体纳入后勤部门职责管理，人资部门负责具体项目管理。教育培训专业设备零购项目属于零星购置范畴，整体纳入发展部门职责管理，人资部门配合负责具体项目管理。

1.2 储备与计划

1.2.1 项目储备

各单位根据省公司发展战略和年度重点工作要求，按照项目管理权限分级组织开展下一年度项目需求编制、评审、批复、储备入库工作。

项目储备总体规模应大于当年专项计划规模。用于直接从事生产和经营业务一线职工教育培训的费用不低于70%。A、B类投入规模不超过总规模的70%左右；C、D类不低于总规模的30%。

根据项目的重要性、紧迫性进行分级排序，共分4类：

A类自评分为90~100分；B类自评分为80~89分；C类自评分为70~79分；D类自评分为60~69分。

需求调研

坚持需求导向，项目实施机构配合责任部门组织开展多种形式的需求调研。

（1）职工培训项目。依据全员培训规划、岗位培训规范或培训标准、岗位能力提升等要求，以提高培训针对性、实效性和项目精益化水平为目标，提出本专业的项目需求。

（2）人才评价项目。依据专业发展、队伍建设等要求，对评价类型、规模、期次进行科学测算，提出项目需求。

（3）培训开发项目。培训策划及评估类项目侧重培训体系构建、完善，专业中类及以上规模培训方案策划，新理念、新知识、新业务等课程的开发，培训项目三级及以上评估等。培训资源类项目侧重各专业培训资源的完善和提升，新理念、新知识、新业务等相关教材、课件、案例、题库等培训资源的开发。培训应用工具开发维护及技术支持类项目侧重培训教学和管理辅助工具开发以及培训新技术、新手段的应用和迭代，相关培训业务技术支持服务等。

（4）培训购置项目。依据年度职工培训、人才评价等项目实施要求，盘点现有培训教材资料、教学教具、低值易耗材料等物品存量，提出培训购置需求。

（5）生产辅助技改（大修）项目。根据"1+3+N"实训体系规划，结合自身定位，从专业实训室建设、网络（远程直播）教室改造等方面提出项目需求。

注：项目须在公司系统内具有一定的领先性、独创性，开发成果应体现实用性，杜绝重复开发，不得储备**管理咨询和信息化**项目。省公司级培训开发（购置）项目委托基层单位实施的，须填写委托实施表（见附录A）。

可行性研究

责任部门组织编制项目可研报告或需求说明。可研报告应充分考虑项目的必要性与可行性，并从经济、技术等方面进行充分论证，内容应包括项目背景、必要性分析、预期目标、培训（评价、项目）方案设计、培训（评价）计划、组织（开发）方式、经费预算、经济性和财务合规性分析等内容，经相关部门审核确认。需求说明应包含项目实施期数、每期人数、每期天数、培训与评价对象、主要内容、费用估算、经费来源等关键信息。

规范性校验

国家电网公司组织开展项目规范性校验，重点检查项目命名、分类、费用、可研、程序等规范性问题，未通过规范性校验的项目不得纳入储备库。

评审批复

各级人力资源管理部门委托经研院（所）或自行组织开展项目可研评审工作，重点审核项目可行性、必要性和经济性等，结合评审结果形成项目储备入库优先级，按照管理权限批复入库，并根据需求动态调整。

1.2.2 总控目标

上报

教育培训专项纳入省公司综合计划统一管理，省公司发展部统筹平衡各专项投资需求，履行决策程序后上报国家电网公司。

下达

国家电网公司审核通过后，按不超过8%的比例确定总控目标并下达。

1.2.3 专项计划

计划编制　　省公司根据综合计划编制要求，结合项目实施需求，在总控目标基础上，根据储备评级选取储备项目形成专项计划，纳入省公司综合计划和全面预算管理。

计划下达　　国家电网公司综合计划下达后，省公司根据发展部要求进行分解，由发展部统一下达至各单位。

计划调整　　项目年度专项计划下达后，因故不具备实施条件的项目、迫切需要新增或调整费用的项目，由省公司人力资源部根据国家电网公司教育培训专项计划调整工作安排组织各单位进行计划调整，各单位须按照管理权限履行有关决策程序，调整计划纳入省公司综合计划管控。

1.3 采购与实施

项目实施包括自主实施、合作实施和外部采购三种形式。自主实施是指项目全部由本单位实施；合作实施是指项目部分工作委托外部机构实施；外部采购是指项目全部委托外部机构实施。项目应以自主实施为主，确不具备实施条件的，由专业部门或承办培训机构按规定履行审批程序后，方可委托外部机构实施。

省公司建立培训服务框架协议采购模式，由物资部门按区域（市公司含所辖县公司）发布采购结果，对框架有效期、实施范围、折扣率等关键内容进行明确。

1.3.1 匹配流程

签订框架协议

框架协议采购结果发布之日起30日内，各单位人力资源部门配合物资管理部门与中标服务商签订框架协议，约定双方权利义务、违约责任、结算方式、承揽比例等关键内容。

提报外委匹配申请

各单位项目主办部门根据项目实施需求，向本单位人资部门提出项目外委申请，启动匹配培训服务商。项目标准不得突破综合定额标准及分项费用标准上限；项目单项总预算100万元人民币及以下，外委部分金额参考框架折扣率预算。

开展项目匹配

各单位人资部门汇总匹配申请，合理选择匹配批次，按照集体决策原则，组织项目主办部门、物资部门、审计部门、纪检和法律部门按照实际需求、匹配规则、承揽比例、履约评价和服务商意愿等，规范推荐承揽项目服务商，形成初步匹配结果。匹配结果经项目主办部门、人力资源部门负责人审核后，提请项目主办部门、培训专业分管领导审批。

签订服务合同

审批通过后，各单位人资部门应在10日内组织服务商完成具体项目的合同签订工作。培训应用开发项目须设立质保金，具体参照工程建设类项目管理要求。合同应采用国家电网公司制定的统一合同文本。

匹配结果统计及备案

各单位人资部门统计汇总培训服务外委匹配结果及执行明细，配合物资部门做好匹配结果公示，并将结果报省公司人资部备案。

1.3.2 相关要求

严格执行结果

各单位应严格执行框架协议采购结果，强化采购结果刚性应用，严禁以各种理由使用框架外培训服务商。框架培训服务商实行属地化管理，一般情况下不得跨区域使用。如本区域培训框架服务商力量确不能满足实际项目实施需求，需开展服务商承揽力分析，提供超承载力项目清单，向省公司物资部、人资部提出书面申请，经同意后可跨区域邀请培训框架服务商，通过竞争性谈判方式，规范选取成交服务商。

管控执行情况

各单位应参照《国网安徽省电力有限公司关于规范零星工程与服务框架协议采购结果应用的指导意见》（皖电物资〔2020〕162号），对培训服务框架协议承揽金额比例进行管控，并根据项目类别、实施需求、供应商服务优势等动态调整，突出项目实施质量和针对性。

各单位人资部门要定期组织项目主办部门开展框架服务商履约评价。在框架协议执行有效期内，如服务商出现资质失效、安全事故、违法失信、提成转包、进度严重滞后等不良情形，各单位可通过暂停匹配、消减份额、解除框架协议等方式进行处理，确保项目匹配与服务商行为实时联动。因供应商原因造成项目进度或质量受到较大影响、项目无法完成或没有通过验收，应追究供应商责任，视情况取消其1~3年承担本单位项目资格。

强化风险防控 ➤ 各单位要强化培训框架服务商采购结果执行和使用过程中各环节的监督检查，市公司要加强对所辖县公司的业务指导和监督管控。不具备资质、不具备培训能力、未履行规范采购程序的省管产业单位不得承担电网公司培训任务；入围框架的省管产业单位在承揽电网公司培训任务时严禁以包代管、层层转包。要严格落实党风廉政要求，充分发挥纪检、审计等监督作用，确保培训服务外委及框架服务商使用的公开、公正、透明、规范。

做好资料归档 ➤ 各单位应按照国家及省公司档案管理相关要求，加强框架协议合同、匹配过程资料、结果审批文件、服务合同等关键资料的整理和归档，确保归档文件资料完整、真实、可追溯。

1.4 经费管理

1.4.1 使用原则

- 职工培训经费严格执行国家及国家电网公司有关规定，由各级人力资源部门归口管理。

- 培训经费成本执行项目化管理，培训经费使用需依托培训项目进行列支。

- 职工教育经费提取与使用应依法、合规。用于直接从事生产和经营业务一线职工的培训费不得低于职工教育经费总额的70%。

- 项目经费管理实行综合定额标准和分项费用标准双控模式。综合定额标准按人天、人次等核定，是编制项目经费的上限；分项费用标准是人工费等单项费用开支的上限。综合定额标准与分项费用标准均由国家电网公司根据物价水平、市场行情等定期调整，统一发布。

- 项目部分费用超出综合定额标准或分项费用标准的，由责任部门提出申请，人力资源管理部门审核，经本单位专业分管领导批准，并履行"三重一大"相关决策程序后，方可在项目内部调剂。

- 除学员住宿费、伙食费、交通费和公杂费之外，项目经费按照综合定额标准编制，实行总额控制、分项调剂使用。学员参加培训产生的住宿费、伙食费和交通费，在综合定额标准外单独核算，按省公司差旅费管理有关规定执行。

● 职工个人参加与岗位工作相关的人才评价和职（执）业资格培训，遵循自愿原则，相关费用可由所在单位和个人合理分担。单位负担相关费用的，应依法约定双方的权利义务，对职工义务的限定应当与单位所负担费用相匹配。

1.4.2　列支范围

人工费

（1）师资费。指聘请内部兼职师资或外部师资授课所支付的劳务报酬。授课形式包括课堂教学、网络培训、实操指导及必要的教学辅助活动等。

（2）专家费。指人才选拔与考核、能力等级评价、竞赛调考、项目开发评审活动中，直接参与命题、裁判、评审、阅卷、监考等工作人员的劳务报酬。

（3）开发费。指项目开发活动及评审活动中，直接参与工作人员的咨询费、技术服务费等。

资料费

（1）资料费。指项目实施期间，必要的资料、教材和印刷费等。

（2）证书费。指人才选拔、能力等级评价、竞赛调考、培训班等活动中，所需证书等制作费用。

（3）检索费。指项目实施过程中，文献检索、翻译及网络资源有偿使用等费用。

（4）印刷出版费。指项目实施过程中，发表论文和专著、提交报告等所需印刷费、出版费及版面费。

（5）知识产权费。指项目实施过程中，专利申请、著作权登记、产品登记、国内外学术会议注册及技术引进等产生的费用。

设备材料费

（1）材料费。指实际操作培训必要的材料费等。

（2）租赁费。指项目实施所必须使用的设备器材、用具、软件等的租赁费。

（3）耗材费。指项目实施所需的各种原材料、辅助材料、低值易耗品等的购置费用。

场地费

项目实施租用教室、会议室或实训场地等产生的费用。

交通费、住宿费、伙食费、公杂费

指项目实施过程中，师资、专家、管理人员、学员等产生的交通费、住宿费、伙食费、公杂费等。

项目管理费

项目管理发生的办公用品费、项目审计费、税费等。

外委费、服务费

合作实施或外部采购项目中，委托给内外部机构产生的培训费、咨询费、服务费、开发费、测评费、项目实施费等。

培训考试费、奖励金

职工参加系统内外部培训或考试，取得相关证书所产生的报名费、培训费、考试费、奖励金等。

杂费

项目实施期间，场地布置、饮用水等所需费用。

购置费

用于购置培训或实训的书籍、工具使用、服务、网络资源、低值易耗品等费用。

其他费用

项目实施期间，所需的文体活动费、医药费、税费等，以及国家明确规定可以在职教经费中列支的其他费用。

1.4.3 列支标准

综合定额标准

（1）脱产培训。经营类培训600元/（人·天）；管理、技术类培训500元/（人·天）；技能和服务类培训400元/（人·天）；外送培训600元/（人·天）；专业竞赛15万元/项；人才评价300元/人次。

（2）网络培训。500人及以下，40元/（学时·人）；501～1500人，30元/（学时·人）；1501～3000人，20元/（学时·人）；3001～5000人，10元/（学时·人）；5000人以上，5元/（学时·人）。网络培训（单期）：1000元/人，200万元/期。国网学堂服务费：40元/（人·年）。

原则上，全员或全专业宣贯类网络培训项目不收费。

分项费用标准

（1）内部培训师资费（税后）。正高级职称：750元/学时。副高级职称、高级技师：500元/学时。中级职称、技师：250元/学时。其他人员：125元/学时。

相同课程累计超过3天，按照上述标准70%执行。经国网安徽电力认证的内部培训师，师资费标准可根据培训师能力等级、授课项目级别、授课效果等情况适当上浮，最高上浮不超过20%。

（2）专家费（税后）。正高级职称：2000元/（人·天）。副高级职称、高级技师：1000元/（人·天）。其他人员：500元/（人·天）。

（3）开发费上限（税后）。内部兼职职工：500元/（人·天）。外聘人员：咨询费2000元/（人·天），开发费1500元/（人·天），技术服务费1000元/（人·天）。

实务篇

2

2.1 职工培训项目

2.1.1 计划编制

每年年初，各级人力资源管理部门依据专项计划和预算，结合各单位年度重点工作任务，组织专业部门编制年度培训班计划，并以公司文件形式印发。

为推进培训项目源头精益管控，计划应包含培训对象、内容、方式方法、师资来源、培训地点等审核要素；事先明确培训方式，便于培训机构提前谋划对接，落实内、外部培训资源；各专业部门要加强对基层单位培训计划的审查指导，减少培训内容重复度，降低教室集中授课比例，提高实训比例不低于50%，采取"请进来、走出去"方式的占比不低于30%。

培训班计划，原则上应刚性执行。计划变更由主办部门提出申请，人力资源管理部门审核。职工培训（人才评价）项目调整申请表见**附录B**。

参加系统内送出培训

由对口专业部门报备人力资源管理部门后，选派人员参加。

参加系统外送出培训

由各级对口专业部门提出申请，经人力资源管理部门审核、本单位专业分管领导审批后，选派人员参加（系统外送出培训审批表见**附录C**）。

各级单位经营类人员、领导干部参加系统外各类培训，按管理权限由组织人事部门批准后参加，报人力资源管理部门备案。

2.1.2 策划与实施

实施方案编制

承办单位配合主办部门完成培训实施需求调研（可行性研究报告与项目需求调研见**附录D**、**附录E**），设计策划形成培训实施方案（项目实施方案见**附录F**）。方案经责任部门审核确认，作为项目实施和质量评价的主要依据。

起草发布通知

人力资源管理部门或承办单位一般应提前5个工作日下发培训通知，明确培训对象、时间、地点、内容、收费标准及有关要求。

开班前准备

承办单位根据项目实际需要，编制培训指南（学员手册），做好师资、场地、食宿、培训用品及设备设施及其他必须的培训服务等安排。

师资管理

承办单位根据课程安排，提前收集课程内容材料，对接好师资后勤安排，及时沟通联系，确保培训课程的顺利开展。

学员管理

主办部门指导承办单位做好学员管理，建立并严格执行学员考勤、请销假、培训纪律、考试考核等管理规定。学员请假需向本单位人力资源管理部门提出书面申请，报责任部门批准，审批通过后向承办单位提交书面请假条，不得口头或委托他人请假，累计请假时间不得超过当期培训总课时的1/5。学员不得无故旷课或擅自离开，一经发现，责令退培，培训期间发生费用不予报销，并通报送培单位。

2.1.3 评估与结班

授课质量评价

主办部门负责对培训师授课质量进行督导评价，承办单位协助实施，评价内容主要包括总体评价、教学水平、联系实际程度、逻辑性、教学态度、教学过程控制和课件（讲义）质量等。评价结果由承办单位备案，与专职培训师绩效考核、兼职培训师续聘评优及课酬等挂钩。

培训效果评估

职工培训项目效果评估采用柯氏四级评估，具体分为反应评估（一级）、学习评估（二级）、行为评估（三级）和效益评估（四级）四个层次。项目评估相关内容及要求见附录G，反应评估（一级）表见附录H。

培训反馈

承办单位根据主办部门或送培单位的要求进行学员培训情况反馈，反馈内容包括学员出勤、考试成绩、培训纪律等。

项目验收

验收采用文件资料审查等方式开展，验收资料包括培训实施方案、培训通知、学员签到表（或网络学习完成情况）、培训师酬金领用表（或协议）、培训效果评估结果、项目预（结）算表等。职工培训项目质量评价与验收意见表见附录I。

费用核销及归档

费用结算与报销原则上在培训班结束后1个月内完成，并做好相关资料归档工作。

2.2 人才评价项目

2.2.1 竞赛调考

项目申报 ▶ 竞赛调考项目由专业部门提出，人力资源管理部门汇总，并由所在单位分管负责人批准。每个专业每年举办竞赛项目不超过1项，每项竞赛不超过3个专业（工种）；同一专业（工种）竞赛调考周期不少于3年。省公司级单位每年参加国家电网公司竞赛调考之外，自办不超过2项。

方案编制 ▶ 专业部门编制竞赛调考实施方案，会签人资部和相关部门后印发，方案包括组织机构及职责、组队方式和选手资格、竞赛调考内容、组织规则、成绩计算方法、时间地点、承办单位、表彰通报方式、费用预算、安全保障、应急处置等。技能竞赛可包含知识考试和技能操作环节，知识竞赛可包含知识考试和现场竞答环节，专业普调考可通过网络考试形式开展。

组织实施

专业部门公布竞赛调考内容及日程安排，严格裁判选拔和选手资格审核，对竞赛进行全过程监督，如实公布团体和个人成绩，对违规违纪者严肃处理，确保竞赛调考公平、公正、公开。承办单位提供符合竞赛调考条件的场地、设备和材料，落实安全、技术、考务、后勤服务及应急处置等保障措施。

各级各类竞赛调考要严控持续时间，精简赛制，不举行开闭幕式。严禁超长时间、违规集训，技能竞赛集训不得超过14天，知识竞赛集训不得超过7天，专业普调考严禁集训。

表彰奖励

技能竞赛和知识竞赛设团体一等奖1名、二等奖2名、三等奖3名，优秀组织奖不超过参赛单位数量的20%，个人奖不超过决赛人数的10%，颁发荣誉证书。技能竞赛或参与国家、部委及地方政府竞赛的获奖个人可授予相应级别"技术能手"荣誉称号，颁发荣誉证书，并给予一次性物质奖励。专业普调考可对组织情况和考试成绩进行通报。

总结提升

竞赛调考结束后，专业部门应开展成绩和技术分析，进行全面总结，系统分析选手知识技能水平和专业队伍能力素质，提出改进方向和措施。

2.2.2　人才选拔与考核、能力等级评价

方案编制

　　严格按照各类人才选拔与考核、能力等级评价规定要求，科学编制评价项目实施方案，明确职责分工、评价规则、工作流程、进度计划等，并及时发布评选公告。

申报审核

　　申报者应严格按照申报条件和要求，如实提供相关资格、业绩、获奖、论著等申报信息佐证材料；建立学术诚信机制，申报者所在单位应对申报资格和材料进行审核，确保材料的真实性、完整性、规范性。

结果公示

　　评价结束后应及时对评价结果进行公示，接受舆论监督。

评审实施

　　应综合申报者的品德、能力、业绩进行审核、评价；评审专家应由责任心强、具备相关资格的人员担任，评审实行回避制度。

2.2.3　验收管理

　　人才评价项目验收资料主要包括实施方案、评价（竞赛调考）通知、评审评定（比赛）过程资料、评价结果文件、项目预（结）算表等，委托第三方开展的项目须同时提供合同等。人才评价项目质量评价与验收意见表见**附录J**。

2.3 培训开发项目

2.3.1 方案编制与管控

　　承办单位在主办部门指导下，依据项目可研报告，编制项目实施方案，成立项目组，实行项目进度"里程碑"节点控制。项目实施过程中，如发生技术路线或主要内容等重大事项调整，必须履行专项计划调整程序。

　　实施方案编制。承办单位配合主办部门编制项目实施方案，重点项目须责任部门组织专家评审通过后实施。方案主要包括项目预期目标和成果、开发内容、技术方案、验收质量标准、实施进度安排、开发人员等内容。

　　实施进度管控。主办部门指导承办单位对项目方案编制、项目匹配、履约实施、项目验收等关键节点做好进度管控，人力资源管理部门对项目实施进度进行督导。

　　成果质量管控。在项目开发实施过程中，主办部门应组织不少于1次的阶段性项目评审，对项目开发方向、开发内容、阶段性成果等进行质量管控。

　　成果应用评估。对已开发的成果开展定期评估，评估内容主要包括成果的应用方式、频次、效果，以及成果的影响力、可推广性等。

2.3.2 验收管理

项目实施部门在项目具备验收条件后，对项目成果完成情况等进行自检，自检通过后方可进行项目验收。

项目验收应成立验收专家组（不少于5人），采取现场（网络）评审、会议验收、书面评议等方式开展验收，不得委托第三方机构开展。验收内容主要包括项目规范性、预期目标完成情况、推广应用价值、经费使用情况等。验收前，可视情况组织自验收。

从项目的针对性、创新性、实用性、预期推广成效等方面进行质量评价。三分之二及以上专家同意视为验收通过并出具验收报告；否则须限期整改，整改后主办部门对整改结果进行确认。验收后应组织审计，承办单位整理相关材料，委托第三方审计或组织内部审计并出具审计报告。

未通过验收的项目要限期整改，不得进行费用结算。存在以下情况之一者不予验收：

严重偏离项目开发的内容和预期目标。

提供的验收资料不规范、不完整、不真实。

项目开发过程及结果存在纠纷尚未解决。

经费使用中存在不合理、不规范支出。

外委项目实施机构非本单位框架培训服务商。

2.3.3 归档及推广应用

项目验收或审计后1个月内，承办单位应整理验收资料进行归档（归档资料清单见表2-1），并推进电子化处理。

表2-1 培训开发项目归档资料清单

序号	工作阶段	资料名称	备注
1	储备与计划	可行性研究报告（见附录K）	省公司项目需提供委托实施表
2		批复及计划下达文件	人资部统一提供，调整项目需提供支撑资料
3	采购与实施	实施方案（见附录L）	
4		框架协议、匹配结果、合同等相关材料	外委项目适用
5		阶段支撑资料	工作通知、会议纪要、成果质量管控等
6	项目验收	项目成果	
7		项目决算表（见附录M）	
8		验收报告（见附录N）	
9	项目审计	审计报告	

主办部门应组织项目成果推广应用。培训开发项目成果可在专业培训、人才选拔、评优评先中推广应用。资源开发类项目成果在验收合格后三个月内上传国网学堂，其他开发类项目在验收合格后一年内，应从业务开展、用户满意度等方面至少组织一次效果评估。

2.4 培训购置项目

主办部门指导承办单位对项目实施方案编制、项目采购、合同签订、履约实施、验收入库、出库领用等关键节点做好进度管控，人力资源管理部门对项目实施进度进行督导。

培训教材资料购置

有社会统一定价资料（如正式出版物、网络培训账号）的零星项目，可直接通过市场购置；市场定价不明或限下、限上项目，应按照国网安徽电力物资管理的相关规定，履行相应的采购程序。

培训教学教具及材料购置

参照采购部门下发的年度采购目录采购，不在此范围内的，按本单位物资采购规定执行。

培训购置项目（储备）可行性研究报告见附录O，验收报告见附录P。

2.5 教培类生产辅助技改（大修）项目

2.5.1 项目采购与实施管理

• 项目单位实施部门根据省公司招标计划安排，及时提报招标采购需求计划，组织编制符合国家、行业技术标准以及国网安徽电力要求的招标技术文件，及时提交集中采购申请或组织授权采购活动。项目单位应根据国网安徽电力相关规定与供应（服务）商签订合同，合同条款应与项目里程碑节点计划保持一致。项目单位应加强对供应（服务）商的管理，建立履约能力和服务质量评价及信息共享机制。

• 项目单位应依规委托具有相关资质的设计单位开展初步设计工作。初步设计应依据已经批复的可行性研究报告中所确定的主要设计原则和方案进行编制，设计深度应满足国家电网公司生产辅助技改（大修）项目规定要求，项目概算不得超过项目估算。国家电网公司生产辅助技改（大修）项目可行性研究报告模版见**附录Q、附录R**。

● 项目单位实施部门应加强对生产辅助技改（大修）项目的实施过程管理，具体要求如下：

>> 应加强工程安全、质量和进度管理，严格控制造价，制订工程项目质量和安全管理目标，督促施工单位建立健全质量和安全保证体系。

>> 应加强施工单位管理，严格进行施工人员的资质审查，并将项目安全管理纳入本单位安全生产管理体系。

>> 应要求施工单位编制施工方案并组织审核，严格履行开、竣工报告制度。

>> 应按照合同管理规定，加强对施工单位项目合同执行情况的监督和检查。

>> 应严格履行项目物资领料入库、出库手续，建立项目设备台账。

>> 对国家和电网公司要求设置监理的项目应实行项目监理；对于现场安全作业条件恶劣、改造方案复杂或施工技术难度高的项目，项目单位可以组织实行项目监理。监理单位资质必须符合国家和行业相关规定要求。

>> 实施过程中发生变更应依规履行设计变更或现场签证手续。

● 项目实施过程中应严格遵守国家法律法规和电网公司有关规章制度，强化项目质量、工期、资金及对外合作管控，及时准确地在教培系统中按实施进度及里程碑节点计划维护项目采购、实施、验收、资金结算等信息。

2.5.2 项目验收管理

项目单位实施部门在项目具备验收条件后，整理完善项目验收佐证资料，对项目预期目标达成情况等进行自检。

项目自检通过后，归口管理部门依据项目验收管理权限协调组织专业部门、相关职能部门开展竣工验收。

项目竣工验收专家组应不少于5人，包括项目管理人员、相关专业技术人员、财务人员等，专家组成员应具备评审项目的专业背景。

项目单位实施部门应提供项目可行性研究报告、项目建设方案及其他项目支撑证明资料等。

项目竣工验收包括对项目工程量完成情况、施工工艺和材料、安全性，资料的规范性、完整性，预期目标完成情况，现场与资料的一致性，项目经费使用的合理性和规范性等方面进行验收。

经竣工验收专家组成员人数80%及以上同意视为通过验收，否则视为不通过验收，对不通过验收的项目限期整改。

竣工验收通过后由验收专家组出具验收评审结论并撰写竣工验收报告。

2.5.3 项目结算与归档管理

项目单位实施部门应在项目竣工验收通过后在合同规定期限内完成相关工程的结算工作。

项目中工程结算前应按照国网安徽电力相关规定履行资产增资和拆除物资处置手续。审计部门（或委托具有相应资质的咨询单位）对结算进行审核，并出具审核意见。

项目单位实施部门应依照国网安徽电力财务相关规定，做好项目费用结算手续，确保结算资料完整。配合财务部门完成项目决算工作。

项目单位实施部门应将项目全过程资料整理齐全，按国网安徽电力相关规定完成归档工作，并在教培系统中维护好相关资料。

3

问答篇

1 培训的由来及概念是什么?

"科学管理之父"泰勒在《科学管理》一书中系统论述了员工培训的重要性,并提出要对员工进行科学培训。

培训是组织为了生存与发展,提高人力资源组织资本的系统工程。

泰勒的科学管理理论、舒尔茨的人力资本理论、彼得圣吉学习型组织等。

2 培训有哪些相关理论?

3 培训与教育的区别有哪些?

培训与教育的区别见表3-1。

表 3-1　培训与教育的区别

名称	培训	教育
特性	时效性、功利性	系统性、普及性
目标	针对性教育,致力于组织团队整体素质的提高	普及性教育,是提高学生个人素质和社会经济文化水准,改善人才结构的措施和途径
重点	侧重于"怎么做"的技能教育,或旨在解决组织已经发现的问题	侧重于"是什么、为什么"的素质教育
方法	以学员为中心;干而学;注重学员参与及双向沟通	以教师为中心;示而学;以单向教学为主要方式
氛围	具有浓烈的组织文化特点,注重员工思想观念的调整和工作态度的改进,通过培训来建立和宣扬组织文化	具有传承社会传统文化的特征

4 培训与学习的
区别有哪些?

培训与学习的区别见表3-2。

表 3-2 培训与学习的区别

名称	培训	学习
态度	消极、被动,"要我学"	积极、主动,"我要学"
发起者	组织	学习者
个体和群体	群体行为	个体行为
目标和内容设定	明确设定、取向直接	目标和内容设定不太严格
成本和收益	考虑成本和收益	不带有详尽的成本和收益考虑

3
问答篇

（1）使新员工快速适应工作
岗位。

（2）提高和改善员工绩效。

（3）学习新的行为方式和工作
技能。

5 培训对企业
和员工有哪
些作用?

（4）减少员工流动性,增强组织的稳定性。

（5）提高和增进员工对组织的认同感和归属感。

（6）促进组织变革与发展,使组织更具生命力和竞争力。

（1）入职培训。对新招录毕业生、复转军人等各类新入职人员，上岗前必须接受公司企业文化与战略、规章制度、安全生产、岗位知识和业务技能培训。

6 职工培训分为哪几类？

（2）岗前培训。转岗、晋级等新上岗职工必须依据新岗位能力要求进行岗前培训并考试合格。

（3）岗位培训。在岗职工必须根据岗位能力、技术进步、安全生产、保密规定等要求，定期进行培训。

（4）待岗培训。待岗职工必须接受待岗培训并考试合格。

7 职工培训的形式分为哪几种？

（1）集中培训。以在系统内培训机构开展为主，各类职工每3年不少于1次，主要包括课堂教学、案例研讨、情景模拟及实操训练等。

（2）现场培训（岗位练兵）。生产一线职工每周不少于1次，主要包括技术讲解、技术问答、技能示范、反事故演习、事故预想、师带徒等。

（3）网络培训。主要依托国家电网学堂进行，鼓励各级单位和职工根据业务要求或个人职业发展、职位晋升需求进行网络学习，主要包括推送课程和直播课堂学习、在线考试、社区研讨等。

（4）自主学习。鼓励职工利用业余时间通过网络、媒体等多种渠道自主学习。

（5）送出培训。各级单位可根据工作需要，履行审批程序后，选派职工参加系统内外培训和继续教育。

坚持"人资归口、专业负责、分级管理、分级实施"原则，推进"专业+平台"项目管理和实施模式，横向上强化专业协同，让专业部门"唱主角"、人资部"管剧本"、培训中心"搭平台"；纵向上狠抓逐级落实，实行省、市"两级管理"（县公司项目纳入市公司统一管理），项目分省、市、县"三层实施"。

8 Q 国网安徽电力的培训管理体系是怎样的？

9 Q 培训管理中人资部门和专业部门的职责如何划分？

人资部门归口统筹，担负"定制度、编计划、抓落实"的培训职责。专业部门主导负责，履行"提需求、定内容、担责任"的培训职责。

10 Q 国网安徽电力职工培训项目如何分层实施？

（1）省公司重点储备和实施处级及以下干部培训、各类提高性和发展性培训、班组长和供电所长示范培训、技师技能人员培训等。

（2）市公司（直属单位）重点储备和实施本单位科级及以下干部培训、各专业基础性培训、专业技能人员实训、高级工及以下技能人员培训等。

（3）县公司培训项目纳入市公司统一管理，重点储备和实施专业技能人员现场培训、评价和岗位练兵。

Q 11 根据培训优先级，国网安徽电力职工培训项目如何分类开展？

（1）培训内容细分为"基础性、提高性、发展性"三类，比例分别控制在70%、15%、15%左右。

（2）基础性培训以岗位规范、岗位应知应会内容为主，属于必培项目，主要在市、县公司层面自主组织开展。

（3）提高性培训是在完成必培内容的前提下，围绕专业重点和行业发展趋势，针对一线员工、管理人员技能和素质提升需求，安排的拓展培训，在省、市公司层面分别实施。

（4）发展性培训对接管理、技术最前沿，以高端人才、紧缺专项人才为主，为公司发展做好人才储备，以省公司层面组织实施为主。

每年6~8月根据国家电网公司统一安排启动储备工作。

每年一季度、二季度、三季度可进行一次调整。

Q 12 培训储备项目启动和调整时间是怎样安排的？

Q 13 教育培训项目储备与项目计划是什么关系？

教育培训项目储备是项目计划的来源。项目计划从项目储备库中选择项目（不允许调整项目内容和金额）。项目储备规模应大于项目计划规模，未进入储备库的项目不能纳入年度项目计划和预算。

14 培训开发项目预算如何确定?

预算应与项目成果、工作量等挂钩,其中,课件开发类项目与课件类型(微课、标课)、课件数量等挂钩,教材开发类项目与教材字数等挂钩,题库开发类项目与题库数量等挂钩。

(1)培训策划类成果包含调研报告、策划方案、课程设计(课程标准、大纲、手册等)、评估报告等。

(2)培训课件类成果包含课件开发清单、教学设计表、脚本、原始素材包、课件成品等。

15 培训开发项目的成果包括哪些形式?

(3)培训教材类成果包含教材编写大纲、教材成品等。

(4)培训案例类成果包含案例开发大纲、案例成品等。

(5)培训题库类成果包含题库成品等。

(6)培训规范类成果包含能力分析总表、能力项说明表、能力分析分解表、培训项目实施组成表等。

(7)培训工具开发类成果包含工具功能设计、工具测试报告、工具操作手册、相关应用推广资料等。

16 培训开发项目验收方式有哪些?

培训开发项目验收应成立验收专家组,采取现场(网络)评审、会议验收、书面评议等方式开展验收,不得委托第三方机构开展,目前以会议验收方式为主。

会议验收组织流程为:项目具备验收条件后,承办单位 提交项目验收申请,项目主办单位编制项目验收通知,明确项目验收时间、地点及参加人员、验收专家组、项目名称、验收标准及相关要求。验收会议召开时，由项目负责人汇报项目内容，专家组依据项目验收标准和要求，对项目成果及资料进行评价，明确验收意见，并履行专家验收签字手续。

17Q 培训类固定资产零星购置项目应该怎么开展？

各单位结合教育培训工作实际，在采购目录中筛选需求后，形成项目建议书，并按照零购项目管理部门统一安排进行储备和实施。

18Q 培训班类型如何确定？

（1）按照培训内容及对象，培训班划分经营类培训、管理类培训、技术类培训、技能类培训、服务类培训。

（2）当培训对象单一时，根据培训对象岗位属性确定培训班类型，如班组长综合素质提升培训班为技能类培训。当培训对象涉及多种岗位属性，根据培训内容的侧重点确定，如绩效经理人培训班，参培对象有管理类、技术类、技能类、服务类等，因培训内容以管理为主，则界定为管理类培训。

19Q 根据培训对象的用工性质，培训费如何列支？

（1）主业人员培训费从本单位主业职工教育培训经费中直接列支。

（2）集体企业员工（含各种用工形式）由于薪酬在集体企业发放，培训费用从各自集体企业列支。

（3）供电服务公司员工培训费从各自供电服务公司列支。

（4）不得跨单位列支非本单位直管员工相关培训经费。

20 **Q** 不同用工性质的学员同时参培，培训经费如何列支？

（1）原则上不允许不同用工性质的学员参加同一培训班。

（2）特殊情况下，选派不同用工性质的学员参培，视为两个不同的培训班，可由各自用工管理主体下发两个培训班通知。

（3）培训班产生的培训费用，按照学员用工性质由不同渠道列支，师资费、场租费等应分摊列支。

21 **Q** 兼职培训师分为哪几个级别？

（1）初级兼职培训师指具有相应业务能力，在某一专业领域具有一定影响力，能参与授课的兼职培训师。由各单位按需自行认证，规模不超过本单位人数的10%，实行市县一体化管理，结果报公司人资部备案入库。

（2）中级兼职培训师指具有较高业务能力，在某一专业领域具有较强影响力，多次参与授课的兼职培训师。由省公司统一组织认证，规模不超过1000人。

（3）高级兼职培训师指具有突出业务能力，在某一专业领域具有很强影响力，授课经验丰富的兼职培训师。由国家电网公司统一组织认证。

问答篇 3

（1）直接认定。具备以下条件之一者，直接认定中级兼职培训师：

1）省部级及以上（含国家电网公司）人才。

2）省公司高级专家、首席技能大师（技术专家）、首席客户经理、江淮电力工匠。

3）其他省公司级及以上人才，或突出贡献人员。

（2）考核认证。具备以下条件之一者，可申报中级兼职培训师认证：

1）中级及以上职称或技师及以上技能等级满5年，近两年承担培训教学任务不少于32学时。

2）初级及以上培训师资格满3年，近两年承担培训教学任务不少于32学时。

22 兼职培训师的认证方式是怎样的?

---

23 兼职培训师的工作形式有哪几种?

（1）项目制。根据培训项目实施需要，短时间内承担某一项培训任务的工作形式。

（2）周期制。一段时间内，全职在省公司培训中心承担培训任务的工作形式。一般从师资库中进行选聘，年度考核结果为B级及以上方可续聘，原则上连续聘任不超过3年。

（1）课程考核：由培训机构（或主办单位）组织实施，采用学员测评和培训机构评价相结合方式，在课程结束后进行，根据考核结果兑现课酬。

24 项目制兼职培训师如何考核?

（2）年度考核：由认证单位组织实施，对其授课量和培训效果进行评估，分为优秀、良好、合格、不合格四个等级。

1）授课量。年度授课量低于16学时的为不合格。

2）培训效果。年度授课评价结果平均分，90分及以上的为优秀；80～89分的为良好；70～79分的为合格；70分以下的为不合格。

25 兼职培训师年度考核结果如何应用？

（1）兼职培训师年度考核结果作为员工绩效和专家人才考核的重要依据。年度考核结果为不合格的，当年绩效考核等级不得评为A级，专家人才年度考核结果为不称职。

（2）兼职培训师年度考核结果连续三年为优秀的，期满无需重新认证、直接入库，并优先推荐参加国家电网公司高级兼职培训师认证。

兼职培训师授课经历作为职务晋升、职员职级选聘、人才选拔、岗位聘任、评优评先的重要依据和优先条件，授课业绩纳入职称评定、技能等级评价、各类人才选拔等标准中。

26 国网安徽电力对于兼职培训师有哪些激励措施？

（1）职称评定：设置人才培养（授课）业绩审核标准，纳入资格审核范畴。

（2）技能等级评价：技师及以下技能等级评价中，在技能考核环节，设置传授技艺（授课）经历标准，占比不低于10%。

（3）人才选拔：在量化积分环节，设置传承育人（授课）评价标准，占比不低于10%。

27 什么情况下可解聘兼职培训师?

（1）触犯国家法律法规、危害国家利益、违反职业道德、损害公司利益和荣誉或受到行政处分、党内处分。

（2）因工作失误、玩忽职守，给公司带来重大经济损失和造成不良社会影响。

（3）发生无故停课、缺课，以及重大培训教学事故。

（4）年度绩效考核等级为D级。

（5）年度考核为不合格的。

（6）未履行请假手续，或全年累计请假次数超过2次的。

（7）因其他原因需要取消资格的。

28 项目制兼职培训师的课酬怎么确定?

项目制兼职培训师的课酬以国家电网公司内部培训师资费标准为基准，并与认证等级、授课时长和授课效果挂钩，最高上浮不超过20%。

（1）认证等级系数：无认证等级的系数为0.8，初级1.0，中级1.1，高级1.2。

（2）授课时长系数：相同课程授课累计超过24学时，系数为0.7，其他情况下系数为1。

（3）授课效果系数：授课评价结果分为A（90分及以上）、B（80～89分）、C（70～79分）、D（70分以下）四个等级，系数分别对应1.2、1.0、0.8、0.5。

29 培训班项目的师资费有哪些需注意的事项？

（1）根据国家最新政策精神，企业向担任内部培训师的本企业职工支付的讲课费、劳务费等从职工教育经费中开支，不计入职工工资总额。

（2）对在电网公司内授课的执行年薪制的领导干部，不得以任何形式发放讲课费。

（3）系统外师资费标准参照《中央和国家机关培训费管理办法》（财行〔2016〕540号）执行：副高级技术职称专业人员每学时最高不超过500元，正高级技术职称专业人员每学时最高不超过1000元，院士、全国知名专家每学时一般不超过1500元。

各单位应将现场培训纳入年度培训项目计划管理，制定现场培训方案或相关管理制度，明确总体内容、实施流程、费用标准、考核方式等。

30 现场培训费用如何规范列支？

31 导师带徒费用如何规范列支？

各单位应制定"导师带徒"管理办法，明确培养目标、权利义务、考核激励等。将"导师带徒"和"职业导师"人才培养方式纳入培训项目计划管理，按照实际承担的教学、辅导工作量及目标任务考核情况支付师资费。

32 员工获取与岗位相关的资格资质学习费用如何规范列支?

各单位应结合资质要求及专业队伍发展需求,鼓励员工取得"双师"资格,成长为复合型人才。应制定相关管理办法,根据重要程度,将资质证书划分为Ⅰ、Ⅱ、Ⅲ类,分别按90%、80%、60%比例报销学习费用。单位负担相关费用的,应依法约定双方的权利义务。

33 哪些费用不得从职工教育培训经费中列支?

(1)职工未经批准、自行参加的各类人才评价、职(执)业资格认证等应由个人承担的有关费用。

(2)职工参加学位学历教育培训的学费。

(3)购置生产经营用设备装备时约定由卖方或第三方对操作人员进行技术培训的费用。

(4)与培训无关的其他费用。

34 脱产培训因特殊原因采用线上集中形式开展,费用标准如何把握?

应参照线下集中脱产培训方式进行界定,不属于网络培训。

35 培训班在组织实施过程中有哪些注意事项?

认真落实中央"八项规定"和国家电网公司党组贯彻落实中央"八项规定"实施细则,不得以职工教育培训为由安排疗养、境内外旅游,严格执行"五不一禁"(不安排会餐聚餐、不制作背景板、不摆放花草和水果茶点、不配置洗漱用品、不组织营业性娱乐和健身活动,严禁以任何名义组织旅游和发放纪念品、礼品、购物卡、代金券、有价证券、土特产等),参加人员实行"四严"管理(统一安排食宿的培训项目,严禁参加人员在外留宿或携同无关人员住宿,严禁外出就餐,严禁自带公务车,严格执行请销假制度)。加强培训现场的安全管理。加强培训过程中学员队伍、设备设施、工器具、消防、后勤保障等安全管理,确保人身安全、设备安全。

36 各单位应如何强化实训现场安全管理?

牢固树立"实训现场等同于工作现场"的安全意识,各个实训场地都要配备专兼职安全管理人员。有登高作业培训的实训场所,需指定专人负责培训安全管理;其余实训场所应指定一人担任兼职安全管理人员。对高空实训、高压试验培训等风险大的实训项目可以联系安监部门选派安全督查人员加强安全管理工作,对实训人员较多的实训项目,可以选取责任心强、安全意识高的学员帮助实训教师、专兼职安全管理人员加强现场安全管理。

37 在培训班组织实施中，班主任具体负责哪些工作？

（1）组织实施：做好与主办方、授课师资、相关部门和学员的沟通协调，掌控管理培训班实施全过程，保证培训班安全顺畅运行。

加强学员管理，发挥班委会作用，引导学员自我教育、自我管理、自我服务，形成良好班风。突出培训班特色、亮点，积极宣传培训班在创新培训方式、丰富教学活动与内容的新举措。

（2）总结：培训结束后，根据培训班效果评估问卷统计情况，结合培训期间对学员总体评价的把握，总结经验、提炼亮点、分析总体效果，指出改进方向，做好知识沉淀，形成培训班总结。

（3）培训实施档案整理：完成培训班实施过程中所需表格，按照培训档案管理规定和流程，形成纸质培训档案和电子培训档案，并交相关档案管理人员。

送出培训分为系统内和系统外送出培训两类，由上级单位和系统外单位组织实施，各单位选派对象参培。

38 本单位在外地举办的培训班是否属于送出培训？

本单位在外地举办的培训班，由本单位组织实施，不属于送出培训，费用标准按培训班类别确定。

39 外出培训如何规范开展？

（1）避免外出培训"扎堆"。各单位应加大技能实操类外出培训支持力度。要持续探索发现更高质量、更多样化的教学点和教学方式，避免外出培训地点过于集中、培训"扎堆"影响培训质量。

（2）实施外出培训报备。为避免培训"扎堆"，落实干部管理要求，各单位组织员工外出到省外培训应提前报省公司人资部备案后实施，其中，各级领导人员、党建专业外出到省外的培训项目，应分别向省公司组织部、党建部报备，各级领导人员应正常履行外出请假手续。县公司外出培训纳入市公司统一管理。

（1）职工参加送出培训后由本人在国网商旅中发起，经本部门、人资部门、财务部门审核，分管领导审批后，提供报销单、原始凭证等交至财务部门进行报销。

40 参加送出培训如何报销？

（2）因工作需要，确需参加公司系统外组织的培训班，必须履行员工外出培训审批程序，培训费超标准的需进行说明。

41 人数较少的单位怎样开展联合办班？

牵头单位负责组织培训策划等前期工作（建议直属单位在供应商统一情况下开展联合办班），其他单位配合实施，各类费用按照员工所属单位分别报销。

项目实施包括自主实施、合作实施和外部采购三种形式。自主实施是指项目全部由本单位实施；合作实施是指项目部分工作委托外部机构实施；外部采购是指项目全部委托外部机构实施。

42 Q 国网安徽电力培训项目实施包括几种形式?

43 Q 国网安徽电力培训服务外委有哪些规定?

严格执行《关于规范零星工程与服务框架协议采购结果应用的指导意见》（皖电物资〔2020〕162号），强化采购结果刚性应用，培训框架服务商实行属地化管理，一般情况下不得跨区域使用。如本区域培训框架服务商确实不能满足实际项目实施需求，应开展服务商承揽力分析，提供超承载力项目清单，向省公司物资部、人资部提出书面申请，经同意后可跨区域邀请培训框架服务商，通过竞争性谈判方式，规范选取成交服务商。

（1）合同承办部门负责组织和按约定履行合同。

（2）合同生效前，不得实际履行合同，涉及财务支出的不得提前付款。

（3）已生效的合同发生变更、转让、解除事宜时应签订书面协议，并由原合同承办部门承办。

（4）合同承办部门应制订合同变更、转让、解除的说明文件，与协议一并通过经法系统履行审核会签程序。

44 Q 培训服务合同履行的关键点有哪些?

Q45 国网安徽电力"1+3+N"实训资源建设体系的具体内涵是什么?

（1）"1"是培训中心。着力强化培训中心的统筹、支撑、督促、指导职责，统一管理"1+3"实训基地资源，直接承担省公司级实训任务，并围绕营销客户经理、主网运行控制等专业，建设相关实训室。

（2）"3"是依托安庆基地、超高压公司、送变电公司实训资源，重点建设3个公司级实训分基地。

（3）"N"是部分市公司（含直属单位）因地制宜、自主建设的实训场所。一般是利用拆旧设施，贴近一线，紧扣岗位应知应会建设的农配网、客户服务实训场所。

Q46 国网安徽电力各类实训资源的建设原则是什么?

遵循"两级管理""三层实施"的基本原则，即实行省、市两级管理。县公司实训纳入市公司统一管理。实训项目分省、市、县公司级三层实施。

（1）省公司层面：组织开展投资量大，技术层级高，新兴产业、新型业务的高端业务实训，以及"四新"技术的实操培训。着重培养种子选手、竞赛选手和高端人才，满足重点任务、关键技能和业务资质、技能取证持证等需求。

（2）市公司层面（含直属单位）：主要组织开展实操培训，贴近一线基本技能、一线岗位应知应会等内容，对广大一线员工实施普遍的技能实操培训，满足常态业务需要。

（3）县公司层面：县公司实训纳入市公司统一管理。因地制宜组织开展包括农电工在内的一线员工必备基本技能实训工作。

47 Q 各单位"N"类实训资源的运营原则是什么？

统筹评估市公司实训资源，策划按区域开展实训设施拓展升级，强化实训资源互补共用、培训师资合作共享、实操培训联办合办。

48 Q 国网安徽电力现行人才发展体系是什么？

实施"三鹰"人才工程"金字塔"行动计划。

实施高端人才"铸尖"行动。依托"金鹰"人才工程，实施"高端人才引领计划"和"江淮电力工匠塑造计划"，选拔一批专业精湛、善于钻研、贡献突出的"大家""大师"。

实施骨干人才"强脊"行动。依托"雄鹰"人才工程，实施"新时代班组长素质提升计划"和"业务骨干专业精进计划"，立足岗位培育更多的优秀班组长、岗位标兵，扩大能够承担重点任务、攻克关键技术的骨干力量。

实施青年人才"拓基"行动。依托"雏鹰"人才工程，实施"新员工职业生涯培养计划"和"管培生储备计划"，探索实施"双导师"制，深化"青年智库"建设，强化职业生涯跟踪培育和个性培养。

49 Q 国网安徽电力现行的专家人才如何分类？

专家人才分为"三类"：科技研发类、生产技能类和专业管理类；"四级"：省公司级设首席高级专家、高级专家，地市公司级为优秀专家，县公司级为专家。

深入推行"专家+带徒""专家+业务""专家+平台"模式应用，落实专家人才选拔业绩、目标任务、考核评价"三公开"制度，提高专家人才队伍认可度、公信力。

50 Q 国网安徽电力对专家人才作用发挥有哪些机制？

政策篇

4

4.1　国家相关政策

- 《中央和国家机关培训费管理办法》（财行〔2016〕540号）
- 《关于推行终身职业技能培训制度的意见》（国发〔2018〕11号）

4.2　国网公司相关政策

- 《国家电网有限公司教育培训管理规定》（国家电网企管〔2019〕428号）
- 《国家电网有限公司教育培训项目管理办法》（国家电网企管〔2022〕508号）
- 《国家电网有限公司师资管理办法》（国家电网企管〔2021〕70号）
- 《国家电网有限公司网络学习管理办法》（国家电网企管〔2022〕508号）

4.3　国网安徽电力相关政策

- 《国网安徽省电力有限公司关于印发改进培训管理　提升培训实效工作方案的通知》（电人资工作〔2020〕127号）
- 《国网安徽省电力有限公司人资部关于进一步规范培训相关工作的通知》（人资工作〔2021〕16号）

• 《国网安徽省电力有限公司人力资源部关于做好培训服务框架协议采购结果应用的通知》（人资工作〔2022〕12号）

• 《国网安徽省电力有限公司兼职培训师管理实施细则》（电企管工作〔2022〕223号）

• 《国网安徽省电力有限公司综合计划统筹平衡管理办法》（电企管工作〔2022〕120号）

政策篇

4

附录

培训开发（购置）项目委托实施表

项目名称			
项目类型	□培训开发项目　　□培训购置项目		
主办专业部门		联系人	
项目实施单位		联系人	
费用预算（万元）			
项目必要性			
主要内容及成果			
主办专业部门意见	签字（章）： 年　　月　　日		

附录
A

职工培训（人才评价）项目调整申请表

单位：元

项目名称			
项目类型		职工培训项目　　人才评价项目	
调整类型		新增　　取消　　变更	
调整情况	项目信息	调整前	调整后
	培训类别		
	培训期次		
	每期天数		
	每期人数		
	总人天		
	费用预算		
调整原因			
主办专业 部门意见		签字（章）： 　年　　月　　日	
人力资源 部门意见		签字（章）： 　年　　月　　日	

说明：

1. 变更特指**培训期次变化**或**总人天增加**。

2. 根据培训内容及对象划分，培训类别分为经营、管理、技术、技能和服务五大类。

系统外送出培训审批表

部门名称:

培训名称			
培训实施单位		培训时间	月 日至 月 日
拟送培人员			
培训地点		培训天数	
培训对象		费用预算（元）	
主要内容			
申请部门意见		签字（章）: 年　月　日	
人力资源管理部门意见		签字（章）: 年　月　日	
申请部门分管领导意见		签字（章）: 年　月　日	

项目编号:_____

职工培训、人才评价项目（储备）
可行性研究报告

项目名称:＿＿＿＿＿＿＿＿＿＿＿＿＿

申报单位:＿＿＿＿＿＿＿＿＿＿＿＿＿

年　　月　　日

项目基本情况			
项目名称			
培训对象			
培训人数		培训周期	

项目背景及必要性分析:（描述项目产生背景、依据的管理办法和相关规定中的具体条款，论证项目开展必要性，主要包括培训或评价对象数量、能力素质等情况，公司战略或岗位要求对该培训或评价对象提出的新能力素质要求等，描述应明确具体，不得少于300字；格式要求：仿宋_GB2312，四号字，段首空两字符，行间距28磅）

预期目标:（分析培训或评价需求，确定明确的预期目标，应有数据支撑；格式要求：仿宋_GB2312，四号字，段首空两字符，行间距28磅）

培训（评价）方案设计:［①职工培训项目，需明确课程设置，应包含模块名称、课程名称、培训形式、计划学时、师资配备、场地材料、考核方式等，明确课程大纲，应包含模块说明、课程学时安排、课程目标、课程内容等方面的要求。②人才评价项目，需明确考评方案，应包含考评内容、考评形式、考评规则、工作时长、评审（考评）人员配备、设备材料配备等。格式要求：仿宋_GB2312，四号字，段首空两字符，行间距28磅］

培训（评价）计划:（①职工培训项目，需明确培训实施的时间、地点、培训组织方案、培训人数规模等；②人才评价项目，需明确考评时间、地点、考评组织方案、考评人数规模等。格式要求：仿宋_GB2312，四号字，段首空两字符，行间距28磅）

经费预算:（需按照项目形式及工作量进行合理估算，根据各项费用列支标准编制项目预算表。其中，预算总额应与导入模板中总费用预算保持一致）

项目经济性与财务合规性分析:（按照《国家电网公司项目可研经济性与财务合规性评价指导意见》(国家电网财〔2015〕536号)要求，对项目的经济性与财务合规性进行分析。论述项目在前期立项阶段是否符合国家法律、法规、政策、公司内部管理制度等各项强制性财务管理规定要求，以及项目在投入产出方面的经济可行性与成本开支的合理性）

附录 D

培训需求部门意见:

负责人签字:

年　　月　　日

人力资源管理部门意见:

负责人签字:

年　　月　　日

财务部门意见:

负责人签字:

年　　月　　日

单位意见:

负责人签字:

年　　月　　日

职工培训、人才评价项目（储备）需求说明

项目编号	（与储备表对应。【Ties New Roam 五号字，居中】）
项目单位	（与储备表对应。【宋体五号字，单倍行距，居中】）
项目名称	（与储备表对应。【宋体五号字，单倍行距，居中】）
项目需求说明	［说明项目背景（需求）、目的（目标）、内容、实施计划、投入资金等，结论应明确"计划举办×期，每期××人，每期×天，预算××元"，字数200字左右。【宋体五号字，单倍行距，两端对齐】］

职工培训项目实施方案

项目名称：　　　　　　　编制单位：　　　　　　　编制时间：

一、项目概况
　　1. 培训目标
　　2. 培训对象及人数
　　3. 培训时间和地点
二、方案策划
　　1. 需求分析
　　2. 设计思路
三、教学安排
　　1. 培训形式
　　集中培训、现场培训、网络培训、自主学习、送出培训
　　2. 课程安排
　　课程内容、拟请培训师、课时量和教学方式等。
　　3. 教材和学习资料
四、组织实施
　　1. 班级管理
　　考勤制度、班委会制度等。
　　2. 考核管理
　　评估形式、证书发放资格、评优条件等。
五、项目团队负责人及联系方式
　　1. 主办单位指导人员
　　2. 承办单位设计实施人员

主办单位（部门）审核意见	
	年　月　日

附录G 职工培训项目评估相关内容及要求

职工培训项目评估相关内容及要求

评估等级\相关要求	目的	评估内容	评估形式	适用范围	评估时间	组织形式
反应评估（一级）	了解学员对项目实施、管理服务的满意度	对培训课程、师资水平、教学管理和后勤服务等进行评价，评估模板可参考"培训反应评估（一级）表"	问卷调查、反馈表、学员座谈会等	所有职工培训项目	学员培训结束时完成	承办单位组织
学习评估（二级）	衡量学员在知识、技能、态度上对培训内容的理解和掌握程度	对培训大纲知识点的掌握程度进行测试	考试、考核、学习体会或小结等	培训时间3天及以上集中培训或24学时及以上的网络培训	培训期间或结束时	承办单位组织

相关要求 评估等级	目的	评估内容	评估形式	适用范围	评估时间	组织形式
行为评估 （三级）	衡量学员在培训后运用所学内容使其行为改善的程度	对所学知识技能实际应用的范围、使用频率、工作成就和绩效改进情况，用人单位的满意度和支持度等进行评价	问卷调查、关键统计、人物访谈、分析等	培训时间长的重点项目，视情况开展	培训结束3～6个月后	人力资源管理部门牵头，责任部门配合，承办单位具体实施
效益评估 （四级）	衡量培训项目对公司安全生产、经营管理、科技进步等方面的综合影响	综合衡量培训对公司安全生产、经营管理、科技进步、工作效率、盈利水平、服务满意度的改进，对有关数据调查分析和综合评价	问卷调查、关键统计、人物访谈、分析等	培训时间长的重点项目，视情况开展	培训结束6～12个月后	人力资源管理部门牵头，责任部门配合，承办单位具体实施

附
录
G

职工培训项目反应评估（一级）表

一、集中培训

项目名称： 评估日期：

评价项目 ╲ 评价等级	培训满意率	非常满意	满意	基本满意	不满意
培训师授课效果 ［培训师理论水平、联系实际紧密度、讲解逻辑性、教学过程控制和课件（讲义）质量等］					
教学组织管理 （培训时间安排、场地设施安排、教学组织秩序、培训师教学态度等）					
培训课程设置 （课程安排和课程内容的针对性、有效性、合理性及时效性，培训资料的实用性等）					
班主任班级管理和学员服务 （培训班组织、教学协调能力和学员管理服务等）					
后勤保障服务 （住宿餐饮质量和服务、培训环境及日常服务等）					
意见和建议					

二、网络培训

项目名称：　　　　　　　　　评估日期：

评价项目＼评价等级	培训满意率	非常满意	满意	基本满意	不满意
培训师授课质量 （培训师理论水平、联系实际紧密度、讲解逻辑性等）					
培训组织管理 （日均培训时长合理性、课程安排及课时合理性、教学指导、学员受益程度等）					
培训课程质量 （课程内容的针对性、实用性、合理性及时效性，音视频质量，培训资料的实用性等）					
教学服务 （班主任督学组织、平台技术支持服务等）					
意见和建议					

备注：

1. 上述表格供参考使用，各单位可根据实际情况调整细化后使用。

2. 培训满意率=（"非常满意"有效票数+"满意"有效票数）/各项指标有效票数。

附录 I 职工培训项目质量评价与验收意见表

职工培训项目质量评价与验收意见表

项目实施情况 （承办单位填写）	项目名称			
	项目编号			
	实施时间		参培人数	
	期数		每期天数	
	师资情况			
	项目主要内容			
	项目完成情况			
质量评价 （质量评价得分90分及以上为A级；80～89分为B级；70～79分为C级；70分以下为D级。原则上质量评价D级的验收不通过）	评价内容及分值		得分	
	一级评估综合测评得分（30分）			
	二级评估综合测评得分（20分）			
	培训师授课效果（25分）			
	教学组织管理（15分）			
	后勤保障服务（10分）			
	合计得分及等级			
	（承办单位盖章） 年　　月　　日			
验收意见	（主办部门盖章） 年　　月　　日			

备注：如不涉及二级评估，默认二级评估为满分。

人才评价项目质量评价与验收意见表

人才评价项目质量评价与验收意见表

项目名称		项目编号			
评价时间		评价地点			
主要内容	（评价组织实施过程，包括各阶段评价内容、形式、规则、时长、人数规模等）				
完成情况	（评价目标完成情况、考评人数规模、费用结算等）				
质量评价 ［质量评价得分90分及以上为A级；80～89分为B级；70～79分为C级；70分以下为D级（不合格）。原则上质量评价D级的不予验收通过］	评价内容	评价标准		分值	得分
	立项规划	立项科学性：符合战略、专业和队伍建设需求；认真开展需求调研；期次安排合理等		15	
	组织实施	流程严谨性：组织机构健全，实施方案完整；实施过程符合国家电网公司管理规定；过程记录完整等		25	
	技术标准	标准合规性：符合国家电网公司人才评价和竞赛相关标准；贴近现场实际；经费使用依法合规等		20	
	成效价值	成效达到预期：实现立项及方案目标；及时进行总结提升；按要求完成资料归档等		40	
	得分合计				
	评价等级				
改进意见					
验收意见		（主办部门盖章） 年　　月　　日			

附录K 培训开发项目（储备）可行性研究报告

项目编号：_____

培训开发项目（储备）
可行性研究报告

项目名称：_____

申报单位：_____

年　　　月　　　日

项目名称	××××（仿宋_GB2312，小三号字）

一、项目背景及必要性分析:（内容要求：描述项目产生背景、依据、调研情况、开发针对的岗位和项目开展必要性，不得少于500字；格式要求：仿宋_GB2312，小四号字，段首空两字符，行间距28磅）

二、预期目标:（内容要求：分析项目需求、开发目的，确定项目开发目标成果，有量化数据支撑；格式要求：仿宋_GB2312，小四号字，段首空两字符，行间距28磅）

三、项目方案:（内容要求：描述建设团队、技术方案、项目实施路径、开发进度安排等方面的要求；格式要求：仿宋_GB2312，小四号字，段首空两字符，行间距28磅）

四、项目开发方式:(采用合作开发方式的项目需要明确所有参与方的工作内容和阶段任务)

自主开发□   合作开发□   外部采购□

五、经费预算:(内容要求:编制项目预算表,描述项目费用组成及预算总额;说明经费来源渠道、费用类型等;格式要求:仿宋_GB2312,小四号字,段首空两字符,行间距28磅)

六、项目经济性与财务合规性分析:〔按照《国家电网公司项目可研经济性与财务合规性评价指导意见》(国家电网财〔2015〕536号)要求,对项目的经济性与财务合规性进行分析〕

七、需求部门意见：

负责人签字：
年　　月　　日

八、人力资源管理部门意见：

负责人签字：
年　　月　　日

九、财务部门意见：

负责人签字：
年　　月　　日

十、单位意见：

负责人签字：
年　　月　　日

附录
K

培训开发项目实施方案

项目名称：_____

主办部门：_____

承办单位（部门）：_____

项目负责人：_____

起止年月：_____

编制日期：_____

一、项目概述

1. 项目主要任务
2. 项目范围
3. 项目技术依据

二、预期目标和成果

三、项目实施内容与要求

1. 项目开发内容
2. 任务分工
3. 技术方案
4. 实施步骤
5. 验收质量标准

四、项目实施进度安排

序号	阶段	时间段	工作内容	阶段性成果
1				
2				
3				
……				

五、项目开发人员

序号	姓名	单位（职务）	项目角色与分工
1			
2			
……			

六、费用预算

经费预算：××万，经费来源于按工资总额提取的培训教育经费，费用类型为成本性费用，各类费用均含税。

费用类别	预算金额（万元）	数量	计算标准	备注
一、人工费				
1. 开发费				
2. 税费				
二、资料费				
1. 资料费				
2. 印刷出版费				
3. 检索费				
4. 知识产权费				
三、设备材料费				
1. 设备租赁费				
2. 耗材费用				
四、场地费				
场租费				
五、差旅费				
差旅费（交通费、住宿费、伙食费）				
六、项目管理费				
1. 办公用品费				
2. 项目审计费				
七、外委费				
外委费用				
八、杂费				
预算总计				

七、采购计划

序号	外委服务名称	服务模块	计划外委费用支出（万元）	备注
1				

八、审核意见

承办单位（部门）意见：

（签字）：
年　　月　　日

主办单位（部门）意见：

（签字）：
年　　月　　日

培训开发项目决算表

_____项目决算概况表

单位：万元

项目名称			项目编码	
批准文号		预算金额	实际完成	
承办单位		验收单位		
项目负责人		验收日期		
项目概况及完成情况				

编制人：　　　　　　　　审核：

编制日期：××××年××月××日

_____决算明细表

费用类别	预算金额	实际支出	备注
一、人工费			
1. 开发费			
2. 税费			
二、资料费			
1. 资料费			
2. 印刷出版费			
3. 检索费			
4. 知识产权费			
三、设备材料费			
1. 设备租赁费			
2. 耗材费用			
四、场地费			
场租费			
五、差旅费			
差旅费（交通费、住宿费、伙食费）			
六、项目管理费			
1. 办公用品费			
2. 项目审计费			
七、外委费			
外委费用			
八、杂费			
预算总计			

编制人：　　　　　　　审核：

编制日期：××××年××月××日

单位财务部门盖章

附录 M

培训开发项目验收报告

项目名称:＿＿＿＿＿＿＿＿＿＿＿＿＿＿＿

项目编号:＿＿＿＿＿＿＿＿＿＿＿＿＿＿＿

承办单位（部门）:＿＿＿＿＿＿＿＿＿＿

验收单位（部门）:＿＿＿＿＿＿＿＿＿＿

验收日期： 年 月 日

培训开发项目质量评价与验收意见表

项目名称			计划编号	
项目组成员	姓名	单位 （部门）	职称	专业
负责人				
成员				
计划起止时间		实际完成时间		
计划费用 （万元）		实际支出费用 （万元）		
项目完成 情况概述				
项目成果项目 （含知识产权情况）				
应用推广计划				
项目验收 资料清单				

	指标	评审重点	分值	得分
质量评价 （质量评价得分90分及以上为A级；80～89分为B级；70～79分为C级；70分以下为D级。原则上质量评价D级的不予验收通过）	针对性	项目是否契合当前公司战略目标、企业发展需要、组织绩效目标、岗位能力要求、公司重点工作进程	30	
	创新性	项目在国网公司系统内是否具有领先性、独创性	20	
	实用性	项目是否具有的实用性，能否有效的提高工作效率和培训管理水平	25	
	成果应用前景	项目是否具有推广应用的价值	25	
	合计得分及等级			
项目验收意见	验收组组长（签字）： 验收组成员（签字）： 年　　月　　日			

项目编号:＿＿＿＿＿＿＿

培训购置项目（储备）
可行性研究报告

项目名称:＿＿＿＿＿＿＿＿＿＿＿

申报单位:＿＿＿＿＿＿＿＿＿＿＿

年　　　月　　　日

项目名称	××××（仿宋_GB2312，小三号字）
项目类型	□培训教材购置　　□培训教学教具及材料购置

一、项目背景及必要性分析:（内容要求：描述购置对象目前存量情况、存在的问题、配置必要性，不得少于500字；格式要求：仿宋_GB2312，小四号字，段首空两字符，行间距28磅）

二、项目方案及经费预算:（内容要求：描述购置明细，包括购置对象名称、规格及型号、数量、单价、总价、单价依据；格式要求：仿宋_GB2312，小四号字，段首空两字符，行间距28磅）

名称	规格及型号	数量	单价	总价	单价依据

三、项目经济性与财务合规性分析:［按照《国家电网公司项目可研经济性与财务合规性评价指导意见》（国家电网财〔2015〕536号）要求，对项目的经济性与财务合规性进行分析］

四、需求部门意见:

负责人签字:
年　　月　　日

五、人力资源管理部门意见:

负责人签字:
年　　月　　日

六、财务部门意见:

负责人签字:
年　　月　　日

七、单位意见:

负责人签字:
年　　月　　日

培训购置项目验收报告

附录
P

项目名称:_____

项目编号:_____

承办单位(部门):_____

验收单位(部门):_____

验收日期: 年 月 日

培训购置项目质量评价与验收意见表

项目名称			计划编号	
项目组成员	姓名	单位（部门）	职称	专业
负责人				
成员				
计划起止时间		实际完成时间		
计划费用（万元）		实际支出费用（万元）		
项目完成情况概述				
项目验收资料清单	包括可研、评审批复文件、计划下达文件、实施方案、招投标文件、中标通知书及合同、入库单、出库（领用）单等			

	指标	评审重点	分值	得分
质量评价 （质量评价得分90分及以上为A级；80～89分为B级；70～79分为C级；70分以下为D级。原则上质量评价D级的不予验收通过）	针对性	项目能否有效支撑职工培训和人才评价工作	30	
	规范性	采购方式和流程是否规范，资金使用是否规范，采购物品是否在培训购置项目范围内	50	
	完整性	项目全过程资料是否完整	20	
	合计得分及等级			
项目验收意见	验收组组长 （签字）： 验收组成员 （签字）： 年　　月　　日			

生产辅助技改项目可行性研究报告

项目单位：二级单位（省公司）简称+三级单位简称

编制单位：××××××××公司

项目名称：二级单位（省公司）简称+项目单位名称+

改造主体名称+分系统名称+子系统名称+改造

日　　期：××××年××月××日

批　　准：（签字）

审　　核：（签字）

校　　核：（签字）

编　　写：（签字）

（编制单位资格证书影印件）

目　录

附录Q

公司生产辅助技改项目可行性研究报告（模板）

一、项目概况

1. 项目名称

省公司简称+项目单位名称+改造主体名称+分系统名称+子系统名称+改造

2. 项目申报单位

国网×××省电力公司××××供电分公司

3. 项目地址

××××省×××市×××路×××号

4. 可研报告编制单位

×××××××公司

5. 可研报告编制依据

（1）国家相关标准和规定。

（2）国网公司有关管理办法、技术规范。

（3）本工程有关的其他重要文件（例如地方政府相关要求等）。

6. 项目主要改造内容及投资

二、项目现状

1. 建筑物的基本情况

描述技改项目建筑物主要特征，主要内容包括：建筑投运时间、建筑面积、占地面积、层数和总高、结构形式、目前的主要用途、本次拟改造的范围等。附建筑外观照片。

本楼于××××年××月建成投运，占地面积××××m^2，位于××，项目房产编号××，建筑面积××××m^2，共×层，其中地上×层，地下×层，为×××结构，建筑防火类别×，耐火等级×，设计使用年限×年，抗震设防等级×，人防类别和防护等级×，地下室防水等级×，屋面防水等级×，主要用途为×××××××，本次主要是对本楼的××实训室×××进行改造。

2. 实训室近三年维修、改造情况

说明该实训室近三年维修、改造情况，包括项目时间、项目名称、维修改造部位、维修改造已取得的效果等。

3. ××实训室的现状

应针对项目内容，着重对项目现状进行描述，附现状照片。

三、项目建设必要性

根据《国家电网有限公司生产辅助技改、大修项目管理办法》《国家电网有限公司教育培训管理规定》和《国家电网有限公司教育培训管理办法》关于实训设备设施类技改项目相关要求，结合目前存在的问题，从提高其可靠性、经济性，满足实训教学等方面阐述项目建设的必要性，并提供必要的检测、评定依据，明确结论。

四、项目可行性

说明项目实施条件是否允许，是否影响周边环境，是否具备必要施工条件。

1. 周围环境条件是否允许

2. 政策是否允许

3. 施工条件是否允许

4. 其他影响项目条件

针对施工过程中扬尘、噪声等环境污染，制订相关文明施工措施方案。

综上所述，本项目建设条件具备，项目建设是可行的。

五、项目改造规模

概述本项目改造规模。

六、主要技术方案

1. 设计说明

简要描述工程概况及设计范围。

2. 设计依据

国家现行相关规范和标准；本工程原有相关专业的设计资料等。

3. 技术方案

详述拟改造的专业系统技术方案，包括设计参数、设计方案说明、主要设备及材料表等。技术方案应满足《国家电网有限公司生产辅助技改、大修项目管理办法》关于结构分系统改造的技术要求规定。

4. 设计图纸

与技术方案配套的相关图纸。改造前、后相关图纸。

七、项目投资估算

工程总投资×××万元。其中，建筑安装工程费×××万元，其他工程费用×××万元，不可预见费×××万元。

投资估算书单独成册。

八、项目经济性与财务合规性

1. 项目经济性

简单论述通过本次技术改造，在提高安全性、可靠性、经济性、节能及环保等方面的效果。

本项目实施后，可以消除××××楼的××安全隐患（或满足××××楼××的需求），恢复其原功能，降低××设备日常运行的维护成本和使用成本，大幅改善××××楼的工作环境，提高××设备设施可靠性、稳定性和安全性。

2. 项目财务合规性

主要论述是否包含小型基建类项目；是否包含固定资产零购类项目；是否存在分拆立项现象；是否存在不合理频繁改造的情况；是否准确划分了资

本性支出和成本性支出；投资估算中的其他费用支出是否有依据。

项目符合国家财经法规和公司财务制度要求，不包含小型基建类和固定资产零购类项目，不存在拆分立项和不合理频繁改造的情况，资本性支出和成本性支出划分准确，工程其他费用支出合理。

九、项目实施工期安排

简要说明本项目主要工期安排情况。

本项目批准后，项目单位将严格按照国网公司生产辅助技改项目管理的有关规定和标准，积极开展各项工作。项目实施计划安排×个月，××××年××月开工，××××年××月竣工。

十、现有设备物资处置方案

1．拆除情况预计

描述主要拆除的设备、材料及其工程量。

2．处置方案

描述拆除的设备、材料处置方案。

（1）可重复利用的设备、材料，待土建施工完成后，进行恢复安装。

（2）无法重复利用的设备、材料：固定资产按照流程进行物资报废，其余设备及材料作为施工垃圾及时清理。

十一、附件

1．原图纸资料

2．固定资产卡片

3．设计图纸

附录R 生产辅助大修项目可行性研究报告（模板）

生产辅助大修项目可行性
研究报告

项目单位：二级单位（省公司）简称+三级单位简称

编制单位：××××××××公司

项目名称：二级单位（省公司）简称+项目单位名称+

　　　　　维修主体名称+分系统名称+具体名称+维修

日　　期：××××年××月××日

批　　准:（签字）

审　　核:（签字）

校　　核:（签字）

编　　写:（签字）

（编制单位资格证书影印件）

目　录

公司生产辅助大修项目可行性研究报告(模板)

一、项目概况

1. 项目名称

省公司简称+项目单位名称+维修主体名称+分系统名称+具体名称+维修

2. 项目申报单位

国网×××省电力公司×××××公司

3. 公司地址

××××省×××市×××路×××号

4. 可研报告编制单位

××××××××××公司

5. 编制依据

(1)国家相关标准和规定。

(2)国网公司有关管理办法、技术规范。

(3)本工程有关的其他重要文件(例如地方政府相关要求等)。

6. 项目主要维修内容及投资

二、项目现状

1. 建筑物的基本情况

描述维修项目建筑物主要特征,主要内容包括:建筑投运时间、建筑面积、占地面积、层数和总高、结构形式、目前的主要用途、本次拟维修的范围等。附建筑外观照片。

本楼于××××年××月建成投运,占地面积××××平方米,位于××,项目房产编号××,建筑面积××××平方米,共×层,其中地上×层,地下×层,为××结构,建筑防火类别×,耐火等级×,设计使用年限×年,抗震设防等级×,人防类别和防护等级×,地下室防水等级×,屋面防水等级×，主要用途为×××××××，本次主要是对本楼×层的××分系××子系统等进行维修。

2. 建筑物近三年维修、改造情况

说明该建筑物近三年维修、改造情况，包括项目时间、项目名称、维修改造部位、维修改造已取得的效果等。

3. ××实训室的现状

应针对项目内容，着重对项目现状进行描述，附现状照片。

三、项目建设必要性

根据《国家电网有限公司生产辅助技改、大修项目管理办法》《国家电网有限公司教育培训管理规定》和《国家电网有限公司教育培训管理办法》关于实训设备设施类大修项目相关要求，结合目前存在的问题，从提高其可靠性、经济性，满足实训教学等方面阐述项目建设的必要性，并提供必要的检测、评定依据，明确结论。

四、项目可行性

说明项目实施条件是否允许，是否影响周边环境，是否具备必要施工条件。

1. 周围环境条件是否允许

2. 政策是否允许

3. 施工条件是否允许

4. 其他影响项目条件

针对施工过程中扬尘、噪声等环境污染，制订相关文明施工措施方案。

综上所述，本项目建设条件具备，施工工艺标准合理，项目建设是可行的。

五、项目维修规模

概述本项目维修规模。应针对项目分别写出维修内容，且维修内容应细化到具体估算工程量。

六、主要技术方案

1. 设计说明

简要描述工程概况及设计范围。

2. 设计依据

国家现行相关规范和标准；本工程原有相关专业的设计资料等。

3. 技术方案

详述拟维修的专业系统技术方案，包括设计参数、设计方案说明、主要设备及材料表等。设计方案应满足《国家电网有限公司生产辅助技改、大修项目管理办法》关于××分系统大修的技术要求规定。

4. 设计图纸

与技术方案配套的相关图纸（大修前、后相关图纸）。

七、项目投资估算

工程总投资×××万元。其中，建筑安装工程费×××万元，其他工程费用×××万元，不可预见费×××万元。

投资估算书单独成册。

八、项目经济性与财务合规性

1. 项目经济性

简单论述通过本次大修，对原有设施的原有形态、作用和功能的恢复情况。

本项目实施后，可以恢复××××楼的××××日常运行的原使用功能，改善××××楼的工作环境，提高设备设施可靠性，消除安全隐患，提升安全水平。

2. 项目财务合规性

主要论述是否包含小型基建类项目；是否包含固定资产零购类项目；是否存在分拆立项现象；是否存在不合理频繁改造的情况；是否准确划分了资本性支出和成本性支出；投资估算中的其他费用支出是否有依据。

项目符合国家财经法规和公司财务制度要求，不包含非生产技改类和生产性类项目，不包含固定资产零购和应列入日常运维成本的项目；不存在拆分立项和不合理频繁大修的情况，资本性支出和成本性支出划分准确，工程其他费用支出合理。

九、项目实施工期安排

　　简要说明本项目主要工期安排情况。

　　本项目批准后，项目单位将严格按照国网公司生产辅助大修项目管理的有关规定和标准，积极开展各项工作。项目实施计划安排×个月，××××年××月开工，××××年××月竣工。

十、现有设备物资处置方案

　　1. 拆除情况预计

　　描述主要拆除的设备、材料及其工程量。

　　2. 处置方案

　　描述拆除的设备、材料处置方案。

　　（1）可重复利用的设备、材料，待土建施工完成后，进行恢复安装。

　　（2）无法重复利用的设备、材料：固定资产按照流程进行物资报废，其余设备及材料作为施工垃圾及时清理。

十一、附件

　　1. 原图纸资料

　　2. 固定资产卡片

　　3. 设计图纸